معيار صناعة الطاقة لجمهورية الصين الشعبية

ENERGY SECTOR STANDARD
OF THE PEOPLE'S REPUBLIC OF CHINA

中华人民共和国能源行业标准

المعيار التقني لترميم بيئة الخرسانة النباتية للمنحدرات الحادة لمشاريع الطاقة الكهرومائية

Technical Code for Eco-Restoration of Vegetation Concrete on Steep Slope of Hydropower Projects

水电工程陡边坡植被混凝土生态修复技术规范

NB/T 35082-2016

قسم الإعداد الرئيسي:المعهد الصيني لهندسة الطاقة المتجددة

جهة الاعتماد:إدارة الطاقة الصينية بجمهورية الصين الشعبية

تاريخ التنفيذ: 1 ديسمبر 2016

صادرة عن دار النشر التابعة للهيئة الصينية للموارد المائية والطاقة الكهرومائية

China Water & Power Press

中国水利水电出版社

بكين 2024

图书在版编目（ＣＩＰ）数据

水电工程陡边坡植被混凝土生态修复技术规范 : NB/T 35082-2016 : 阿拉伯文 / 国家能源局发布. -- 北京 : 中国水利水电出版社, 2024.6
ISBN 978-7-5226-2469-3

Ⅰ. ①水… Ⅱ. ①国… Ⅲ. ①水电水利工程－边坡－生态恢复－技术规范－中国－阿拉伯语 Ⅳ. ①TV223-65

中国国家版本馆CIP数据核字(2024)第112052号

ENERGY SECTOR STANDARD
OF THE PEOPLE'S REPUBLIC OF CHINA
中华人民共和国能源行业标准

المعيار التقني لترميم بيئة الخرسانة النباتية للمنحدرات الحادة لمشاريع الطاقة الكهرومائية

Technical Code for Eco-Restoration of Vegetation Concrete on Steep Slope of Hydropower Projects

水电工程陡边坡植被混凝土生态修复技术规范

NB/T 35082-2016

（阿拉伯文版）

First published 2024
Issued by National Energy Administration of the People's Republic of China
国家能源局　发布
Translation organized by China Renewable Energy Engineering Institute
水电水利规划设计总院　组织编译
Published by China Water & Power Press
中国水利水电出版社　出版发行

Tel: (+ 86 10) 68545888　68545874
sales@mwr.gov.cn
Account name: China Water & Power Press
Address: No.1, Yuyuantan Nanlu, Haidian District, Beijing 100038, China
http: //www.waterpub.com.cn

中国水利水电出版社微机排版中心　排版
北京中献拓方科技发展有限公司 印刷
184mm×260mm　16 开本　3.5 印张　111 千字
2024 年 6 月第 1 版　2024 年 6 月第 1 次印刷

Price（定价）: ¥ 550.00 (US $ 75.00)

شرح الترجمة والتحرير والنشر

إستنادا لقوانين وشروط صناعة الطاقة، تمت ترجمة هذه النسخة العربية من المعيار التقني من قبل معهد هندسة الطاقة المتجددة بالصين،(China Renewable Energy Engineering Institute) والمفوض من قبل الإدارة الصينية للطاقة بجمهورية الصين الشعبية لمعايير الصناعة بالصين، وكما أنه قد نشرت من قبل الإدارة الصينية للطاقة بجمهورية الصين الشعبية في الإعلان (2023) رقم (1) بتاريخ (2023).

وهذه النسخة العربية تمت ترجمتها من النسخة الإنجليزية إستنادا على النسخة الصينية وذلك تحت مسمى المعيار التقني لترميم بيئة الخرسانة النباتية للمنحدرات الحادة لمشاريع الطاقة الكهرومائية (NB/T 35082-2016)

وقد نشرت النسخة الصينية بواسطة دار النشر الصينية للطاقة الكهربائية، ونشرت النسخة الإنجليزية بواسطة دار النشر الصينية للموارد المائية والطاقة الكهرومائية، وحيث تسود النسخة الصينية في حالة وجود أي تباين في عملية التنفيذ.

خالص الشكر للعاملين في منظمات التطوير القياسية ذات الصلة وأولئك الذين قدموا مساعدة سخية في عملية الترجمة والمراجعة.

للمزيد من التحسين في النسخة العربية، نرحب بجميع التعليقات والاقتراحات والتي ينبغي توجيهها إلى المعهد الصيني لهندسة الطاقة المتجددة.

رقم. 2 Beixiaojie، Liupukang, منطقة Xicheng، بكين 100120، الصين

لموقع الإلكتروني: www.creei.cn

جهة الترجمة:

جامعة المضايق الثلاثة الصينية China Three Gorges University

شركة هوبي رونجي لتقنيات الحماية الايكلوجية المحدودة

Hubei Runzhi Ecological Technology Co., Ltd

شركة هواديان الصينية الهندسية المحدودة China Huadian Engineering Co., Ltd

طاقم الترجمة:

Zhao Bingqin　Xu Yang　Liu Liming　Altaeb Mohammed

Shen Mingzhong　Xu Wennian　Xia Dong　Zhou Mingtao

Liu Daxiang　Zhu Shijiang　Yao Jia　Zhang Nanji

Li Mingyi　Hu Xudong　Wu Bin　Yang Yueshu

Shen Jianyong　Guo Jianghai　Xia Lu　Xu Yakun

لجنة المراجعة:

Jianfeng Nie كبير المترجمين للغة العربية

Liu Xinlu بروفيسور بجامعة الدراسات الأجنبية ببكين

Liu Fenghua بروفيسور بجامعة بكين للغات والثقافة

Jiao Shizheng كبير المترجمين للغة العربية

Zhai Mingzhe كبير المترجمين للغة العربية

Wang Yongchun كبير المترجمين للغة العربية

Wu Minyan بروفيسور بجامعة الدراسات الأجنبية ببكين

Magdi Siddig Ahmed Siddig جامعة الصين لعلوم الأرض

Qie Chunsheng كبير المترجمين للغة الإنجليزية

Cui Lei المعهد الصيني لهندسة الطاقة المتجددة

Song Xiaoyan المعهد الصيني لهندسة الطاقة المتجددة

Li Shisheng المعهد الصيني لهندسة الطاقة المتجددة

الإدارة الصينية للطاقة بجمهورية الصين الشعبية

编译出版说明

本译本为国家能源局委托水电水利规划设计总院按照有关程序和规定，统一组织编译的能源行业标准外文版系列译本之一。2023年2月6日，国家能源局以2023年第1号公告予以公布。

本译本是根据中国电力出版社出版的《水电工程陡边坡植被混凝土生态修复技术规范》NB/T 35082—2016编译的，著作权归国家能源局所有。在使用过程中，如出现异议，以中文版为准。

本译本在编译和审核过程中，本标准编制单位及编制组有关成员给予了积极协助。

为不断提高本译本的质量，欢迎使用者提出意见和建议，并反馈给水电水利规划设计总院。

地址：北京市西城区六铺炕北小街2号

邮编：100120

网址：www.creei.cn

本译本编译单位：三峡大学

湖北润智生态科技有限公司

中国华电科工集团有限公司

本译本编译人员：赵冰琴　许　阳　刘黎明　Altaeb Mohammed

沈明忠　许文年　夏　栋　周明涛

刘大翔　朱士江　姚　嘉　张南极

李铭怡　胡旭东　吴　彬　杨悦舒

沈建永　郭江海　夏　露　许亚坤

本译本审核组成员：

聂剑峰　阿拉伯语高级翻译

刘欣路　北京外国语大学阿拉伯学院

刘风华　北京语言大学外国语学部

角世正　阿拉伯语高级翻译

翟明哲　阿拉伯语高级翻译

王永春　阿拉伯语高级翻译

吴旻雁　北京外国语大学阿拉伯学院

Magdi Siddig Ahmed Siddig　中国地质大学（北京）

郄春生　英语高级翻译

崔　磊　水电水利规划设计总院

宋晓彦　水电水利规划设计总院

李仕胜　水电水利规划设计总院

国家能源局

الإدارة الصينية للطاقة بجمهورية الصين الشعبية

إعلان

رقم 6 2016

وفقًا لمتطلبات المستند (2009) GNJKJ بالرقم (52)،" تم إصدار اللوائح الإدارية المنظمة لصناعة الطاقة (المؤقتة) وقواعد التنفيذ التفصيلية الصادرة عن الإدارة الصينية للطاقة بجمهورية الصين الشعبية والبالغ عددها ١٤٤ معيار كمعايير تقنية لقبول جودة البناء لمنشأة الطاقة النووية و توازن المحطة الجزء الثامن. لقد أصدر عدد 75 معيار للعزل الحراري والطلاء كمعايير لصناعة الطاقة (NB)، كما أصدر عدد 69 معيار لصناعة الطاقة الكهربائية (DL) و أصدرت هذه المعايير من قبل إدارة الطاقة الصينية لجمهورية الصين الشعبية بعد مراجعتها وإعتمادها.

المرفقات: دليل معايير الصناعة

الإدارة الصينية للطاقة بجمهورية الصين الشعبية

16 أغسطس 2016

المرفق:

دليل معايير الصناعة

الرقم التسلسلي	رقم المعيار	إسم المعيار	رقم المعيار المستبدل	رقم المعيار الدولي المعتمد	تاريخ الاعتماد	تاريخ التنفيذ
...						
32	NB/T 35082-2016	المعيار التقني لترميم بيئة الخرسانة النباتية للمنحدرات الحادة لمشاريع الطاقة الكهرومائي			2016-08-16	2016-12-01
...						

مقـــدمة

وفقًا لمتطلبات المستندGNJKJ (2014) رقم 298 الصادرة عن الإدارة الصينية للطاقة بجمهورية الصين الشعبية « تم في العام 2014 إصدار خطة التطوير والمراجعة الخاصة بالدفعة الأولى من الخطط الرامية لتطوير ومراجعة معايير صناعة الطاقة «، وبعد إجراء بحث واسع النطاق، وتلخيص الخبرات العملية، والأخذ في الاعتبار المعايير الصينية والصناعية ذات الصلة والتماس الآراء على نطاق واسع، قام فريق الصياغة بمراجعة هذا المعيار.

تشمل المعايير التقنية الرئيسية لهذه المواصفة البيانات الأساسية للتصريف الري، التسليح، الغطاء النباتي، الخرسانة النباتية والإنشاءات، الصيانة،الإدارة والتفتيش.

الإدارة الصينية للطاقة بجمهورية الصين الشعبية هى المسؤولة عن إدارة هذا المعيار التقني. اقترح معهد هندسة الطاقة المتجددة بالصين هذا المعيار وهو مسؤول عن إدارته الروتينية. اللجنة التقنية لتخطيط الخزانات وحماية البيئة لصناعة الطاقة الكهرومائية وهي المسؤولة عن شرح المحتويات التقنية المحددة. ينبغي توجيه التعليقات والاقتراحات في تنفيذ هذا المعيار إلى:

معهد هندسة الطاقة المتجددة بالصين

No.2 Beixiaojie, Liupukang, Xicheng District,

Beijing 100120 China

منظمات التطويرالرئيسية:

جامعة المضايق الثلاثة الصينية

معهد هندسة الطاقة المتجددة بالصين

منظمات التطوير المشاركة:

مركز إدارة وصيانة محطات المياه والتربة بوزارة الموارد المائية

الشركة المحدودة لهندسة الموارد المائية والطاقة الكهرومائية القسم 7

بورشينا كونمينغ الهندسية المحدودة

الشركة المحدودة لهندسة بناء المضايق الثلاثة بمجموعة قاجاوبا الصينية

الشركة المحدودة للتصميم والمسح بمجموعة قاجاوبا الصينية

الشركة المحدودة الهندسية رقم 6 بمجموعة قاجاوبا الصينية

الشركة المحدودة لهندسة الأساسات بمجموعة قاجاوبا الصينية

طاقم الصياغة الرئيسي:

الفهرس

1 أحكام عامـــة

1.0.1 طور هذا المعيار التقني لتحديد تصميم وتشييد الخرسانة النباتية لترميم بيئة المنحدرات الحادة في مشاريع الطاقة الكهرومائية

1.0.2 يمكن تطبيق هذا المعيار التقني على المنحدرات المستقرة التي تتراوح بين 45° و 85° في مشاريع الطاقة الكهرومائية، وكذلك على المنحدرات المماثلة في المشروعات الأخرى.

1.0.3 يجب أن تطبق الخرسانة النباتية على المنحدرات الآمنة والمستقرة، ويجب ألا يؤثر الحمل الإضافي للخرسانة النباتية على ثبات المنحدر.

1.0.4 يجب أن يتبع الترميم البيئي للأعمال التي تستخدم الخرسانة النباتية مبدأ الإستدامة لخدمة طويلة الأجل.

1.0.5 أعمال الترميم البيئي التي تستخدم الخرسانة النباتية تتم وفقًا للظروف المحلية، ويتم تصميمها وتنفيذها وإدارتها وصيانتها بعناية مع الأخذ في الاعتبار صيانتها وإدارتها نظرا للظروف الهيدرولوجية والأرصاد الجوية وظروف المنحدر وظروف الغطاء النباتي وظروف التشييد وتكلفة المشروع.

1.0.6 تنقسم المنحدرات إلى منحدر الصخور الصلبة، منحدر الصخور الناعمة، منحدر صخور التربة و منحدر التربة الطفلية. يجب التعامل مع الأنواع المختلفة من المنحدرات بطرق مختلفة.

1.0.7 بالإضافة إلى هذا المعيار التقني، يجب أن تمتثل عملية الترميم البيئي للخرسانة النباتية على المنحدرات الحادة لمشاريع الطاقة الكهرومائية للمعايير الحالية ذات الصلة في الصين.

2 المصطلحات

2.0.1 الخرسانة النباتية (Vegetation concrete)

هي خليط ممزوج بالتربة الزراعية،الأسمنت، المادة العضوية المحلية،المواد المحلية النموذجية، بذور النباتات والماء، وبذلك تصبح مادة محلية ذات مقاومة عالية للنحت وذات خصوبة عالية وتوزيع مناسب لمراحل الغاز الصلب السائل.

2.0.2 المادة العضوية المحلية (Organism of habitat material)

هي مادة حبيبية تستخدم كمكون للخرسانة النباتية وهي مصنوعة عن طريق تكسير وخلط وتخمير المواد الخامة من سماد المزارع أو القش أو النخالة أو نشارة الخشب أو مخلفات التخمير وأي مواد عضوية طبيعية أخرى.

2.0.3 المادة المحلية المحسنة (Amendment of habitat material)

هي مادة حبيبية دقيقة تستخدم لتحسين البيئة الميكروبية، وقيمة الرقم الهيدروجيني، والخصوبة، وخاصية الإحتفاظ بالماء وتركيبته، وبعض الخواص الفيزيائية والكيميائية للخرسانة النباتية.

2.0.4 مستجمعات المياه لقمة المنحدر (Watershed of slope crest)

هي منطقة تجمع المياه بين مجرى اعتراض على قمة المنحدر والحافة العليا للمنحدر الذي تم ترميمه، والذي يستخدم لتوفير الماء للنباتات بالمنحدر.

3 البيانات الأساسية

3.0.1 قبل التصميم لترميم البيئة، يجب فحص البيانات الأساسية لمنطقة المشروع للحصول على معلومات الإرصاد الجوية والجيولوجيا ومصدر المياه والتربة السطحية والمواد العضوية الطبيعية والغطاء النباتي وإلخ.

3.0.2 يجب أن يكون فحص الإرصاد الجوي وفقًا للمتطلبات التالية:

1 يجب أن تتضمن محتويات الفحص المنطقة ونوع المناخ، متوسط مدة سطوع أشعة الشمس السنوية، متوسط درجة الحرارة السنوية، درجات الحرارة القصوى الصغري، متوسط الهطول السنوي، متوسط التبخر السنوي، الفترة الزمنية الخالية من الصقيع، فترة التجميد، سرعة الرياح و درجة الحرارة المؤثرة أعلى من أو تساوي10 °C.

2 من الأفضل أن يستند الفحص بصورة أساسية على جمع البيانات وتحليلها مع إجراء المسح الميداني اللازم.

3.0.3 يجب أن تكون بيانات الفحص الجيولوجي وفقًا للمتطلبات التالية:

1 يجب أن تتضمن محتويات الفحص بصورة أساسية نوع التربة الصخرية المنحدرة، مساحة المنحدر، جهة المنحدر، الحد الأقصى للتدرج، الحد الأقصى للإرتفاع، حالة المياه الجوفية، تسرب المنحدر، ثبات المنحدر ونمط الميل.

2 من الأفضل أن يستند الفحص أساسًا على جمع البيانات وتحليلها مع إجراء المسح الميداني اللازم.

3.0.4 يجب أن يكون فحص مصدر الماء وفقًا للمتطلبات التالية:

1 يجب أن تتضمن محتويات فحص مياه الصنبور ومياه الآبار ومياه النهر / البحيرة، مع مراعاة سعة مصدر المياه، كالمسافة، الإرتفاع والتكلفة.

2 من الأفضل أن يعتمد الفحص بشكل أساسي على المسح الميداني وأن يستكمل بتحليل البيانات.

3.0.5 يجب أن يكون فحص التربة السطحية الزراعية وفقًا للمتطلبات التالية:

1 يجب أن تتضمن محتويات الفحص بشكل أساسي على النوع والبنية التركيبة وتوافر التربة السطحية الزراعية والتكلفة. تعطى الأولوية للفحص في التربة السطحية الزراعية في المنطقة التي سيشغلها أو يؤثر عليها مشروع الترميم البيئي.

2 من الأفضل أن يعتمد الفحص بشكل أساسي على المسح الميداني وأن يستكمل بتحليل البيانات.

3.0.6 يجب أن يكون فحص المواد العضوية الطبيعية وفقًا للمتطلبات التالية:

1 يجب أن تشمل محتويات الفحص بشكل رئيسي السماد في المزرعة، القش، النخالة، نشارة الخشب، مخلفات التخمير، والتكلفة المتاحة لكل نوع من المواد.

2 من الأفضل أن يعتمد الفحص بشكل أساسي على المسح الميداني وأن يستكمل بتحليل البيانات .

3.0.7 يجب أن يكون الفحص في الغطاء النباتي وفقًا للمتطلبات التالية:

1 يجب أن تشمل محتويات الفحص أنواع النباتات الإقليمية وأنواع النباتات المحلية المحيطة

بالمنحدر.

2 من الأفضل أن يعتمد الفحص بشكل أساسي على المسح الميداني وأن يتم استكماله بأخذ العينات عند الضرورة.

3.0.8 يجب أن تفي محتويات الفحص إستمارات التسجيل بمتطلبات الملحق (A) في هذا المعيار.

4 التصريف

4.0.1 في تصميم تصريف المياه يجب تعيين مستجمعات المياه على قمة المنحدر بين الحافة العلوية للمنحدر ومجرى الاعتراض وذلك لتوفير المياه للنباتات على المنحدر و تظهر مستجمعات المياه في قمة المنحدر في الشكل4.0.1 أدناه.

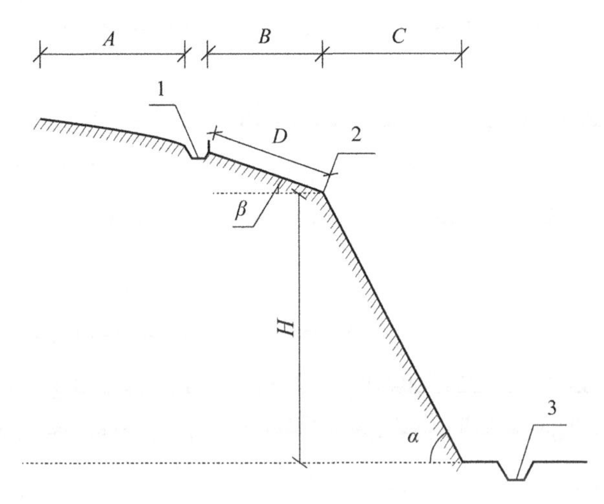

1 مجرى الإعتراض على قمة المنحدر؛

2 الحافة العلوية للمنحدر الذي تم ترميمه.

3 مجرى الصرف أسفل المنحدر، زاوية

β ميل المنحدر: زاوية ميل مستجمعات المياه في قمة المنحدر

A المنحدر الطبيعي

B مستجمعات المياه

C المنحدر الذي تم ترميمه

H ارتفاع المنحدر

D المسافة من الحافة السفلية لمجرى الإعتراض عند القمة المائلة إلى الحافة العلوية للمنحدر الذي تم ترميمه.

الشكل 4.0.1 رسم تخطيطي لمستجمعات المياه على قمة المنحدر

4.0.2 عندما يتم تعيين مستجمعات المياه على قمة المنحدر، من الأفضل حساب المسافة من الحافة السفلية لمجرى الإعتراض على قمة المنحدر إلى الحافة العلوية للمنحدر الذي تم ترميمه وفقًا للصيغة التالية:

$$D=\frac{2.94\eta\psi H^{0.32}}{(\cos\alpha)^{0.06}\cos\beta} \quad (4.0.2)$$

حيث أن:

D هي المسافة من الحافة السفلية لمجرى الإعتراض على قمة المنحدر إلى الحافة العليا للمنحدر الذي تم ترميمه، وتؤخذ 5 متر إذا كانت القيمة المحسوبة أقل من 5 متر، أو 15 متر إذا كان أكثر من 15 متر.

η هو معامل الإرتباط للمتوسط السنوي هطول الأمطار، حيث يأخذ من 1.10 إلى 1.15 لمتوسط هطول الأمطار السنوي بين (400 - 600) ميليمتر، من 1.05 إلى 1.10 لمتوسط هطول الأمطار السنوي بين (600 - 800) ميليمتر، من 1.00 إلى 1.05 لمتوسط هطول الأمطار السنوي بين (800 - 1200) ميليمتر، من 0.95 إلى 1.00 لمتوسط هطول الأمطار السنوي بين (1200 - 1600) ميليمتر، من 0.90 إلى 0.95 لمتوسط هطول الأمطار السنوي بين (1600 - 2000) ميليمتر، من 0.85 إلى 0.90 لمتوسط هطول الأمطار السنوي لأكثر من 2000ميليمتر.

ψ هو معامل الإرتباط للغطاء النباتي للمنحدر، مع الأخذ 0.80 في بيئة الأعشاب الخالصة، و 1 بالنسبة لبيئة الشجيرة العشبية، و1.2 لبيئة الشجيرات الخالصة.

H هو ارتفاع المنحدر، إذا كان المنحدر هو متعدد الميول، فيجب أخذ الارتفاع الرأسي لأعلى واحد.

α هي زاوية المنحدر (°).

β هي زاوية ميل مستجمعات المياه بقمة المنحدر (°).

4.0.3 يجب أن يتوافق تصميم تصريف المنحدرات مع المتطلبات ذات الصلة بمعيار الصناعة الحالي DL/T 5353 **معيار التصميم لمشروع انحدار الطاقة الكهرومائية والحفاظ على المياه.**

4.0.4 يجب أن يستوفي تصميم مجاري التصريف بالمنحدر ومجاري الإعتراض بالمتطلبات ذات الصلة بالمعايير الصينية الحالية GB/T 16453.4 **التحكم الشامل في الحفاظ على التربة والمياه - المواصفات التقنية - هندسة المخازن والصرف وسحب المياه،** GB 51018 **معيار تصميم هندسة الحفاظ على التربة والمياه.**

5 الـري

5.0.1 تزود أعمال الخرسانة النباتية للترميم البيئى بنظام ري والذي من الأفضل أن يكون من نوع الري بالرش أو بالتنقيط.

5.0.2 يجب أن تفي جودة مياه الري بالمتطلبات ذات الصلة بالمعيار الصيني الحالي GB 5084 **معايير جودة مياه الري. كما** أنه يجب ترشيح المياه إذا لزم الأمر.

5.0.3 من الأفضل إجراء الري بالتزامن مع رش المبيدات الحشرية والأسمدة.

5.0.4 يجب أن يفي إختيار المواد وتخطيط نظام الري بالمتطلبات ذات الصلة بالمعيار الصيني الحالي GB /T 20203 **المعيار التقني لمشاريع الري مع نقل أنابيب الضغط المنخفض**.

5.0.5 يجب أن تكون المعاملات الأساسية للري وفقًا للجدول 5.0.5.

الجدول 5.0.5 المعاملات الأساسية للري

الرقم	البند	طريقة التحديد	المؤشر
1	كثافة الري	طريقة جمع المياه	18 mm/h - 12 mm/h
2	إنتظام الري	طريقة الفحص البصري	≥ 0.85
3	تغطية الري	طريقة الفحص البصري	≥ 0.98
4	قطرقطرة المياه	طريقة تصفية الورق	3.0 mm - 1.0 mm

5.0.6 يجب أن يستوفي الري المتطلبات التالية:

1 يتم تحديد وقت الري وكمية المياه المطلوبة لنمو النبات مع الأخذ في الإعتبار معدل هطول الأمطار الطبيعي والتبخر السطحي للمنحدر.

2 يجب أن يتم الري بكمية مناسبة عدة مرات وبتوزيع منتظم لمياه الري.

3 يجب تجنب الري تحت أشعة الشمس القوية بعد الظهر في الصيف و في بداية الخريف وذلك من أجل منع الأمراض والآفات النباتية و كذلك يجب تجنب الري في المساء خلال فترة الصيف.

6 التسليح

6.0.1 توضع الأوتاد وشبكات التسليح لتثبيت الخرسانة النباتية على سطح المنحدر.

6.0.2 تستخدم الأوتاد لتلبية متطلبات الثبات للخرسانة النباتية وتكون وفقًا للمتطلبات التالية:

1 يجب اعتماد حديد التسليح المضلع المدلفن على الساخن.

2 يجب ألا يقل قطر الوتد عن 18 ميليمتر.

3 يجب حساب الحد الأقصى لتباعد الأوتاد على أسطح المنحدرات وفقًا للصيغة التالية:

$$d = 30[K + \frac{1}{\sin(\alpha - 30^\circ)}] - 20 \quad (6.0.2\text{-}1)$$

حيث

d هو تباعد الأوتاد (سم)

K معامل الإرتباط لنوع التربة الصخرية بالمنحدر، وتؤخذ قيمته 2.0 لمنحدرات الصخور الصلبة، و 1.5 للمنحدرات الصخرية الناعمة، و 1.3 لمنحدرات التربة الصخرية المركبة، و 1.1 لمنحدرات التربة الطفلية.

تم تصنيف منحدرات النوع I، II و III المحددة في GB 50218 **معيار التصنيف الهندسي للكتلة الصخرية** الصيني الحالي، المنحدرات الخرسانية ومنحدرات اللبشة الخرسانية على أنها منحدرات الصخور الصلبة وتصنف منحدرات االنوع IV و V على أنها منحدرات الصخور الناعمة، وتصنف المنحدرات التي تضم شظايا الصخور الصلبة، التربة الرملية والتربة الحصوية على أنها منحدرات الصخور الترابية وتصنف منحدرات التربة الطينية، منحدرات التربة الرملية ومنحدرات الطمي على أنها منحدرات التربة الطفلية.

4 يجب أن يكون تباعد الأوتاد في محيط المنحدر 1/2 القيمة المحسوبة بالمعادلة (6.0.2-1).

5 من الأفضل حساب الحد الأدنى لطول الوتد على سطح المنحدر وفقًا للمعادلة التالية:

$$L = \frac{35}{(K - 0.2)^2} + 45\sin(\alpha - 30^\circ) + 10 \quad (6.0.2\text{-}2)$$

حيث

L هو طول الأوتاد على سطح المنحدر (سم).

6 يجب زيادة طول الأوتاد في محيط المنحدر بمقدار 20 سم من القيمة المحسوبة بالمعادلة (6.0.2-2).

7 يجب حماية الأوتاد من الصدأ.

8 يتم تثبيت الأوتاد بإحكام ببروز خارجي يتراوح من 8 سم إلى 12 سم، ويجب أن تكون الأوتاد بزاوية من 5° إلي 20°.

6.0.3 يجب أن تستوفي أعمال شبكات التسليح المتطلبات التالية:

1 يجب إستخدام شبكة مترابطة من الأسلاك المرنة المصنوعة آليًا ويجب أن لا يقل قطر سلكها

عن 2.0 مم، أو شبكة بلاستيكية مرنة لا تقل قوة الشد فيها عن 6.0كيلونيوتن / متر، وعمرها الإفتراضي أن لا يقل عن 15 عامًا.

2 من ألأفضل أن يتراوح قطر خلايا الشبكة من50 ميليمتر إلى75 ميليمتر.

3 يجب أن تكون شبكة الأسلاك الفولاذية المرنة المصنوعة اليآ مغلفة أو مجلفنة ضد االصدأ.

4 من الأفضل أن يتراوح عرض التداخل بين الشبكات المتجاورة من 100 ميليمتر إلى150 ميليمتر.

6.0.4 يجب أن تثبت شبكات التسليح بقوة مع الأوتاد والشبكات المجاورة. من الأفضل أن تكون المسافة الرأسية بين سطح المنحدر والشبكة ثلثي إجمالي سمك الخرسانة النباتية المرشوشة.

7 الغطاء النباتي

7.0.1 يجب أن يستوفي إختيار الغطاء النباتي المتطلبات التالية:

1 يجب إختيار الغطاء النباتي المحلي لحماية المنحدر، ولا يستخدم الغطاء النباتي المستجلب من الخارج.

2 **يجب إختيار غطاء نباتي له القدرة على** التكاثر، تحسين وتثبيت التربة ومقاومة الأضرار على أساس البيانات الأساسية التي تم فحصها.

3 يجب مراعاة التنوع البيولوجي والإستدامة.

4 من الممكن إختيار نباتات الزينة وفقا لمتطلبات المناظر الطبيعية.

7.0.2 يجب أن تفي بذور النباتات والشتلات بالمتطلبات التالية:

1 **يجب وصف البذور النباتية بالسلالة،** الأصل، المنتج، سنة الحصاد، النقاء، نسبة الإنبات ووزن الألف حبة.

2 **خالية من الإصابات في الشتل، السيقان،** الأوراق والتلوث والأمراض والآفات.

3 يجب أن تكون بذور النباتات والشتلات المشتراة مطابقة لشهادات الفحص.

7.0.3 أعمال الغطاء النباتي يجب أن تستوفي بالمتطلبات التالية:

1 من الأفضل الجمع بين الأعشاب، الشجيرات والنباتات المتسلقة بشكل صحيح طبقا للبيئة المحيطة، ويجب أن تسود الأعشاب على المنحدرات الصخرية الصلبة والناعمة، والشجيرات على منحدرات الصخور الترابية ومنحدرات التربة الطفلية.

2 من الأفضل الجمع بين الغطاء النباتي لموسم بارد وموسم دافئ وفقًا للبيانات الأساسية التي تم فحصها.

3 **يجب ألا تزرع الأنواع النباتية المتنافرة على بعضها البعض في نفس المساحة.**

7.0.4 يجب أن تفي معالجة تمهيدية للبذور والشتلات بالمتطلبات التالية:

1 يتم فحص درجة النقاء، نسبة الإنبات ووزن الألف حبة للبذور النباتية.

2 **يجب تطهرالبذور النباتية ونقعها حتى بداية** الإنبات التي تتكسرعندها قشور البذور إذا لزم الأمر.

3 **قبل الزرع يجب زرع البذور غير المحفوظة في وعاء بشكل مؤقت وفقًا لمعايير الصناعة الحالية CJJ 82** معيار البناء وقبول هندسة المناظر الطبيعية.

7.0.5 من الأفضل حساب كمية البذر من بذور النباتات وفقا للمعادلة التالية:

$$A = \sum k_i A_i \qquad (7.0.5\text{-}1)$$

$$A_i = \frac{N_i Z_i}{(1-R_i)\, C_i F_i} \times 10^{-3} \quad (7.0.5\text{-}2)$$

حيث

A هي كمية البذور الكلية (جرام / **متر مربع**)

A_i هي كمية البذرور للنوع الواحد (جرام / متر مربع)

K_i هي نسبة البذور لأنواع النباتات المتعددة (٪)، $\sum k_i = 1$ التي يتم تحديدها وفقا لخطط ومتطلبات أعمال الغطاء النباتي، الظروف المناخية، خصائص المنحدر، متطلبات المناظر الطبيعية، وما إلى ذلك؛

N_i هو عدد البذور من النوع الواحد لكل وحدة مساحة (الحبوب / متر مربع) .

Z_i هو وزن الألف حبة من النوع الواحد (جرام) .

R_i هو معدل فقدان البذور من النوع الواحد أثناء عملية الرش (نسبة مئوية)، ويؤخذ 5% لوزن الألف حبة إذا كان الوزن أقل من 0.5 جم، 10% لوزن 0.5 جم إلى 1.0 جم، 15% لوزن 1.0 جم إلى 5.0 جم، و 20% إذا كان أكثر من 5.0 جم.

C_i هي درجة النقاء لبذور النوع الواحد (نسبة مئوية).

F_i هي نسبة إنبات لبذور النوع الواحد (نسبة مئوية).

يجب أن تستوفي طرق إختبار C_i و F_i المتطلبات ذات الصلة بالمعيار الصيني الحالي GB 2772 **قواعد إختبار بذور الأشجار الغابية.**

8 الخرسانة النباتية

8.1 المواد

8.1.1 تصنع الخرسانة النباتية بخلط التربة الزراعية، المواد العضوية المحلية، الأسمنت، مواد محلية محسنة، بذور النباتات والمياه حسب النسبة المطلوبة.

8.1.2 يجب أن تكون التربة الزراعية وفقًا للمتطلبات التالية:

1 **يجب اختيار مصدر التربة السطحية المناسبة طبقًا للفحص.**

2 **من الأفضل أن تكون المؤشرات الفيزيائية والكيميائية الرئيسية لعينات التربة السطحية بعد تجفيفها وطحنها وغربلتها طبقًا للجدول** 8.1.2.

الجدول 8.1.2 المؤشرات الفيزيائية والكيميائية الرئيسية للتربة الزراعية

الرقم	البند	المؤشر
1	الكادميوم الكلي	≤ 1.5 mg/kg
2	الزئبق الكلي	≤ 1.0 mg/kg
3	الرصاص الكلي	$\leq 1.2\times10^2$ mg/kg
4	الكروم الكلي	≤ 70 mg/kg
5	الزرنيخ الكلي	≤ 10 mg/kg
6	النيكل الكلي	≤ 60 mg/kg
7	الزنك الكلي	$\leq 3.0\times10^2$ mg/kg
8	النحاس الكلي	$\leq 1.5\times10^2$ mg/kg
9	درجة الحموضة	8.5 - 5.5
10	محتوى الملح	≤ 1.5 g/kg
11	مجموع المغذيات	$\geq 0.20\%$
12	حجم الجزيئات	≤ 8.0 mm
13	محتوى الرطوبة	$\leq 20\%$

الملاحظات:

1 تحسب مؤشرات المعادن الثقيلة على أساس كتلة التربة المجففة بالفرن.

2 يجب أن تمتثل طرق إختبار المعادن الثقيلة، درجة الحموضة، محتوى الملح ومجموع المغذيات للمتطلبات ذات الصلة لمعيار الصناعة الحالي HJ/ T 166 **المعيار التقني لمراقبة بيئة التربة**. يجب إختبار حجم الجزيئات بواسطة طريقة الإمتصاص، وإختبار محتوى الرطوبة عن طريق التجفيف بالفرن.

3 مجموع المغذيات = النيتروجين الكلي (N) + الفسفور الكلي (P_2O_5) + البوتاسيوم الكلي (K_2O).

8.1.3 يجب أن تستوفي المواد العضوية المحلية بالمتطلبات التالية:

1 من الأفضل اختيار عدة أنواع من المواد الخام وفقًا للفحص في المواد العضوية الطبيعية.

2 من الأفضل أن تكون المؤشرات الرئيسية للمواد العضوية الطبيعية التي تم أخذ عينات منها بعد طحنها وخلطها وتخميرها وفقاً لتلك المحددة في الجدول 8.1.3.

الجدول 8.1.3 المؤشرات الرئيسية للمواد العضوية المحلية

الرقم	البند	المؤشر
1	حجم الجزيئات	≤ 8.0 mm
2	درجة الحموضة	8.5 - 5.5
3	الموصلية الكهربائية	3.0 mS/cm - 0.50 mS/cm
4	مجموع المغذيات	≥ 1.5%
5	محتوى الرطوبة	≤ 20%
6	مسامية التهوية	≥ 15%
ملاحظة: يجب أن تتوافق طريقة إختبار كل مؤشر في الجدول أعلاه مع المتطلبات ذات الصلة لمعيار الصناعة الحالي LY/T 1970 الوسط العضوي للإستخدام الأخضر.		

8.1.4 **من الأفضل** إختيار إسمنت بورتلاندي عادي P.O 42.5، ويجب أن تستوفي مؤشراته الرئيسية بالمتطلبات ذات الصلة بالمعيار الصيني الحالي GB 175 **إسمنت بورتلاندي العادي**.

8.1.5 يجب أن تكون المؤشرات الرئيسية للإضافات المحسنة للمواد المحلية مطابقة لتلك المحددة في الجدول8.1.5

الجدول 8.1.5 المؤشرات الرئيسية للإضافات المحسنة للمواد المحلية

الرقم	البند	المؤشر
1	مساحة السطح المحددة	≥ 1.5×10^2 m^2/kg
2	سعة تخزين الماء	15 kg/cm^2 - 13 kg/cm^2
3	كمية الكائنات الحية الدقيقة	1.0×10^9CFU/g - 1.0×10^8 CFU/g
4	مجموع المغذيات	≥ 8.5%
5	درجة الحموضة	≤ 4.5
ملاحظة: يجب إختبار مساحة السطح المحددة بواسطة طريقةBlaine ، طريقة إختبار السعة التخزينية للماء، كمية الكائنات الحية الدقيقة، مجموع المغذيات ودرجة الحموضة يجب أن تستوفي جميع المتطلبات ذات الصلة بمعيار الصناعة الحالي HJ/T 166 **المعيار التقني لمراقبة بيئة التربة**.		

8.1.6 يجب أن تستوفي جودة المياه المتطلبات ذات الصلة بالمعايير الصيني الحالي GB 5084 **معايير جودة مياه الري**.

8.2 النسب

8.2.1 تتكون الخرسانة النباتية من طبقة أساسية وطبقة سطحية، يجب أن يتم تحضير كل منهما بشكل منفصل. عند تحضير الطبقة الأساسية، يتكون الخليط الصلب من التربة الزراعية، المواد العضوية المحلية، الأسمنت والإضافات المحسنة للمواد المحلية. وعند تحضير الطبقة السطحية، تضاف البذور النباتية إلى الخليط أعلاه.

8.2.2 بالأخذ في الإعتبار حجم التربة الزراعية كمرجعية، يجب أن تحقق كمية المواد العضوية المحلية، الأسمنت والإضافات المحسنة للمواد المحلية بالمتطلبات التالية:

1 يجب حساب حجم المواد العضوية المحلية وفقًا للمعادلة التالية:

$$V_{om}=(0.25+0.35K_aK\frac{\alpha-45^\circ}{90^\circ})V_{ps} \quad (8.2.2\text{-}1)$$

حيث

V_{om} حجم المواد العضوية المحلية (مكعب متر)

K_a هو معامل الإرتباط للنطاقات المناخية، كما هو موضح في الجدول 8.2.2

V_{ps} هو حجم التربة الزراعية (مكعب متر)

الجدول 8.2.2 معامل الإرتباط للنطاقات المناخية

النطاق المناخي	المنطقة المناخية	
	المنطقة الرطبة (A)	منطقة شبه رطبة (B)
المناخ المعتدل	1.05	1.10
المناخ الدافئ	1.00	1.05
شمالي شبه إستوائي	1.00	-
شبه إستوائي معتدل	1.00	-
جنوبي شبه استوائي	0.950	1.05
إستوائي شبه	0.900	0.950
إستوائي معتدل	0.900	-
هضبي جبلي شبه إستوائي	0.950	
هضبي	1.05	1.10

2 يجب حساب كتلة الإسمنت وفقًا للمعادلة التالية:

$$M_c = K_1 (0.06 + 0.07 \frac{K}{K_\alpha} \frac{\alpha - 45^\circ}{90^\circ}) V_{ps} \rho_{ps} \quad (8.2.2\text{-}2)$$

حيث

M_c هي كتلة الإسمنت (كيلوجرام)

K_1 هو معامل الإرتباط للطبقة الأساسية و الطبقة السطحية، و يؤخذ 1.0 للطبقة الأساسية و0.5 للطبقة السطحية

ρ_{ps} هي الكثافة الجافة للتربة الزراعية (كيلوجرام / متر مكعب)

3 من الأفضل حساب كتلة الإضافات المحسنة للمواد المحلية وفقا للمعادلة التالية :

$$M_{aa} = 0.5 M_c \quad (8.2.2\text{-}3)$$

حيث

M_{aa} هي كتلة الإضافات المحسنة للمواد المحلية (كيلوجرام).

8.2.3 في عملية الخلط، يجب خلط المواد الجافة وفقًا للمتطلبات التالية:

1 يجب أن يتم الخلط ميكانيكيا وبإنتظام في موقع العمل او بالقرب منه.

2 يجب إضافة مواد الخليط بالترتيب التالي: التربة الزراعية، المواد العضوية المحلية، الأسمنت، الإضافات المحسنة للمواد المحلية، وأخيرا إضافة البذور.

3 في كل خلطة يجب أن تتراوح مدة الخلط بين 3 دقائق و5 دقائق.

8.2.4 يجب أن تكون كمية الماء مناسبة حتى لا تتناثر أو تتدفق الخرسانة النباتية عند رشها على سطح المنحدر.

8.3 الرش

8.3.1 يجب ألا تزيد زاوية الرش للرشاش عن 15°، ومن الأفضل أن تكون المسافة بين فوهة الرشاش وسطح المنحدر تتراوح بين 0.8 متر و 1.2 متر.

8.3.2 يجب أن يتم الرش على خطوتين، الطبقة الأساسية أولاً ثم الطبقة السطحية.

8.3.3 يتم رش الخليط الجاف في مدة لا تزيد عن 6 ساعات.

8.3.4 يجب أن يكون سمك طبقة الرش في الطبقة الأساسية كما هو موضح في الجدول رقم 8.3.4، ومن الأفضل أن يكون سمك الطبقة السطحية 20 ميليمتر.

الجدول 8.3.4 سمك الرش للطبقة الأساسية

السمك (ميليمتر)	زاوية المنحدر	متوسط هطول الأمطار السنوي (ميليمتر)	نوع المنحدر
90	85°- 70°	≤ 900	منحدر الصخور الصلبة
100	70°- 45°		
80	85°- 70°	> 900	
90	70° - 45°		
80	85°- 65°	≤ 900	منحدر الصخور الناعمة
90	65°- 45°		
70	85°- 65°	> 900	
80	65°- 45°		
60	85°- 65°	≤ 900	منحدر التربة الصخرية
70	65°- 45°		
50	85°- 65°	> 900	
60	65°- 45°		
50	85°- 45°	≤ 600	منحدر التربة الطفلية
40		1200 - 600	
30		≥ 1200	

8.3.5 يجب أن يكون الفاصل الزمني بين رش الطبقة الأساسية ورش الطبقة السطحية أقل من 4 ساعات.

8.3.6 يجب أن يتم الرش بانتظام لتجنب الفراغات، خاصة في المناطق غير المستوية علي سطح المنحدر.

8.3.7 لا ينبغي إجراء الرش عندما تكون سرعة الرياح أكبر من10.8 متر / ثانية أو عند هطول الأمطار.

8.3.8 يتم إختبار الخرسانة النباتية المرشوشة مباشرة، وتكون مؤشرات الفحص وفقًا لتلك المحددة في الجدول8.3.8 ، وإذا كانت نتيجة الفحص غير مطابقة للمؤشرات فيجب ضبط نسبة الخليط مباشرة.

الجدول8.3.8 مؤشرات فحص الخرسانة النباتية

الرقم	البند	طريقة الإختبار	المؤشر		
			1 d	3 d	≥28 d
1	الكثافة الظاهرية	حلقة العينات	$1.7\ g/cm^3$ - $1.3\ g/cm^3$		
2	مسامية التهوية	حلقة العينات	≥ 25%		
3	درجة الحموضة	طريقه قياس الجهد	8.5 - 6.0		
4	محتوى الرطوبة	طريقة التجفيف بالفرن	≥ 15%		
5	تحلل النيتروجين	انتشارالقلوية - N	≥60 mg/kg		
6	الفسفور المتاح	طريقة القياس اللوني Mo-Sb	≥ 20 mg/kg		
7	البوتاسيوم المتاح	شدة الضوء	$\geq 1.0\times10^2$ mg/kg		
8	استعادة درجة الانكماش	حلقة العينات	≥ 90%		
9	كمية الكائنات الحية الدقيقة	الطرق المحددة في معيار الصناعة الحالي **المعيارالتقني لمراقبة بيئة** HJ/T 166 **التربة**.	$\geq 1.0\times10^6$ CFU/g		
10	مقاومة الضغط غير المقيدة (MPa)	الطرق المحددة في المعيار الصيني الحالي GB/T 50123 **معيار طريقة إختبار التربة**.	0.45 - 0.25	0.55 - 0.40	≥ 0.38
11	معامل التآكل (شدة هطول الأمطار 80 ميليمتر/ ساعة)	الطرق المحددة في المتطلبات ذات الصلة بمعيار الصناعة الحالي SL 419 **إختبار مواصفات الحفاظ على التربة والمياه**.	$\leq 3.0\times10^2$ $g/(m^2\cdot h)$	$\leq 1.0\times10^2\ g/(m^2\cdot h)$	

9 التشييد

9.1 إعدادات التشييد

9.1.1 يجب أن يتم التشييد وفقًا للمستندات ذات الصلة بأعمال المنحدرات وتقنية الترميم البيئي بالخرسانة النباتية، كما يجب أن يكون مدراء الموقع والمنفذون على دراية بأغراض ومتطلبات التصميم قبل الإنشاء.

9.1.2 يجب وضع خطة التشييد قبل بداية التنفيذ ويجب أن تتضمن الآتي:

1 شروط التشييد.

2 خطوات وأساليب التشييد.

3 مخططات التشييد.

4 توزيع الموارد.

5 خطة ضمان جودة التشييد.

6 ضمان سلامة التشييد وخطة حماية البيئة.

7 الجدول الزمني للتشييد.

9.1.3 يتم تجهيز مواد وأدوات ووسائل التشييد وفقا للجدول الزمني للتشييد.

9.1.4 يجب حماية المواد الموجودة في الموقع من الماء وأشعة الشمس والصدأ.

9.1.5 يجب أن يتم الرش في الأوقات الملائمة لإنبات بذور النباتات.

9.2 خطوات التشييد

9.2.1 يجب أن يتم التشييد بعد الموافقة على الأعمال مثل حفر المنحدرات، تسليح المنحدر ومد خطوط الأنابيب تحت الأرض.

9.2.2 من الأفضل أن تتبع خطوات أعمال التشييد المتطلبات بالمخطط أدناه التالي9.2.2.

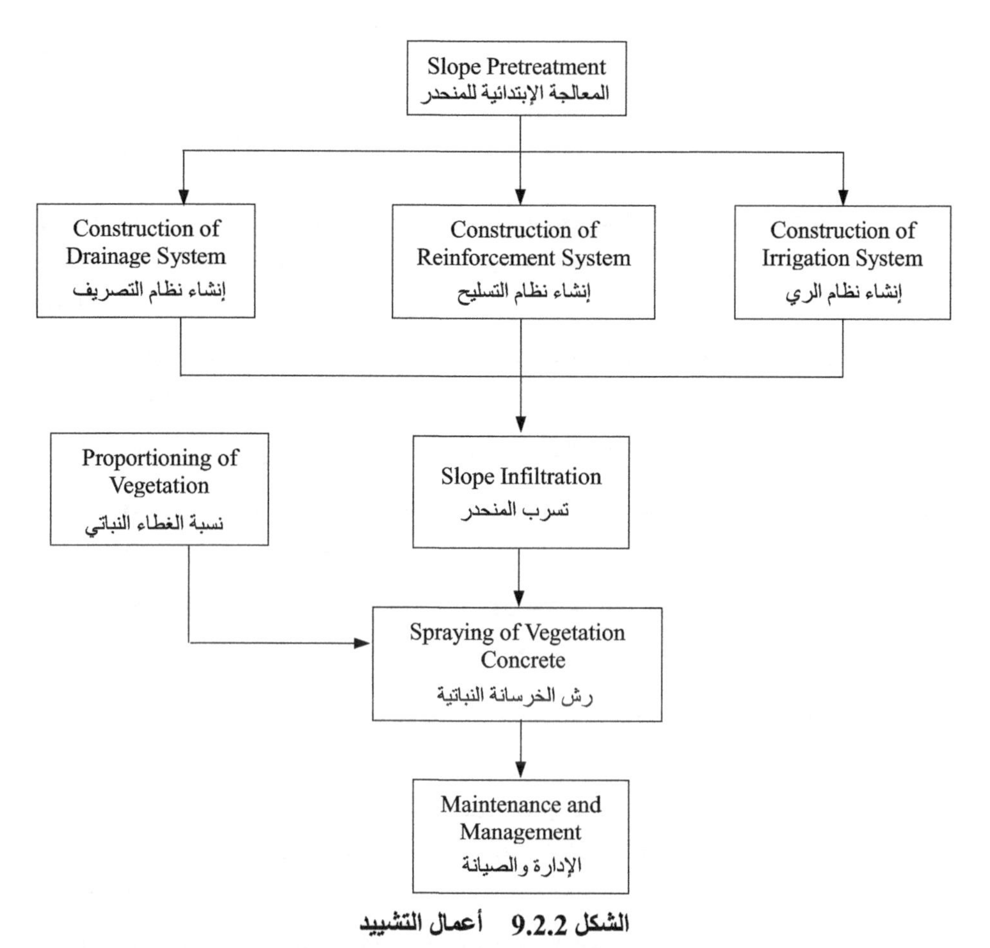

الشكل 9.2.2 أعمال التشييد

9.2.3 يتم إزالة المواد السائبة، مثل الصخور غير المستقرة والتربة الطفلية والجذور المكشوفة في عملية المعالجة الإبتدائية للمنحدر. يجب معالجة المنحدرات العكسية أو المنحدرات المقعرة عن طريق القطع والردم.

9.2.4 يجب أن يشتمل إنشاء نظام التصريف على سلسلة من الأعمال، مثل مجرى إعتراض على قمة المنحدر، مجرى التصريف عند مقدمة المنحدر ومعالجة تسرب الماء لسطح المنحدر.

9.2.5 يتم انشاء نظام التسليح عبر سلسلة من الأعمال تتمثل في تركيب شبكة التسليح، تثبيت الأوتاد وتوصيل الأوتاد مع شبكة التسليح.

9.2.6 يجب أن يشمل إنشاء نظام الري سلسلة من الأعمال مثل مد خطوط الأنابيب، تركيب الرشاشات وتنقية مياه الري.

9.2.7 يجب ترطيب المنحدر عن طريقة عملية التشرب، ويجب ألا تقل مدة التشرب عن 48 ساعة.

9.2.8 يجب أن يتم الرش خلال ثلاث ساعات بعد ترطيب المنحدر.

9.2.9 إستلام أعمال التشييد يجب أن يتوافق مع متطلبات الملحق « B“ في هذا المعيار التقني.

10 الإدارة والصيانة

10.1 مرحلة الشتل

10.1.1 بعد الرش، يجب معالجة الخرسانة النباتية ومتابعة إنبات البذور لمدة ستين يومًا في مرحلة الشتل، ويمكن تمديد فترة المعالجة بشكل مناسب في حالة إنخفاض درجة الحرارة أو عدم كفاية هطول الأمطار.

10.1.2 يجب أن تشمل الإدارة والصيانة خلال مرحلة الشتل الآتي: تغطية سطح المنحدر، الري، منع الآفات و الأمراض، إعادة زراعة الشتل وإصلاح العيوب الجزئية الخ.

10.1.3 يجب أن يستوفي غطاء سطح المنحدر بالمتطلبات التالية:

1 قد يكون الغطاء من الفايبر غير المنسوج أو قماش التظليل إلخ. وفي فصل الشتاء قد يكون أيضا الغطاء من القش أو الحصائر إلخ.

2 يجب تغطية سطح المنحدر في مدة لا تتجاوز ساعتين بعد رش الطبقة السطحية.

3 يجب وضع الغطاء بمتانة ويجب أن يكون ملامسا لسطح المنحدر.

4 يجب وضع غطاء بلاستيكي على سطح المنحدر في حالة هطول الأمطار الغزيرة لمدة أربع ساعات بعد أعمال الرش.

10.1.4 يتم فحص المنحدرات المرشوشة بالخرسانة النباتية مرة واحدة يوميًا، وتشمل محتويات الفحص رطوبة الغطاء النباتي للمنحدر، إنبات بذور النباتات، بقاء الشتلات، الآفات والأمراض واستقرار الخرسانة النباتية، إلخ.

10.1.5 مكافحة الآفات والأمراض تكون وفقا للمتطلبات التالية:

1 يجب تعزيز عملية فحص الآفات والأمراض واتخاذ تدابير الوقاية والمكافحة في حالة وجود أي مشكلة.

2 من الأفضل السيطرة على الآفات والأمراض بالوسائل البيولوجية والفيزيائية و/ أو الكيميائية وفقًا للحالة المرضية.

3 يجب أن تكون المواد الكيميائية المستخدمة لمكافحة الآفات والأمراض ذات كفاءة عالية ومنخفضة السمية، وتكون آمنة للحيوانات المفترسة، ويجب أن يكون تطبيق الكيماويات الزراعية مطابقا للإرشادات.

10.1.6 في حالة موت الشتلات يجب إعادة الشتل مباشرة.

10.1.7 يجب أن يكون إصلاح العيوب الجزئية وفقًا للمتطلبات التالية:

1 عند وجود فراغات أو تشققات على الخرسانة النباتية، يجب تحديد الأسباب للتخلص من المخاطر الخفية، ويجب إصلاح العيوب في الوقت المناسب.

2 عندما تكون منطقة العيب صغيرة يمكن زراعتها بشكل اصطناعي.

3 عندما تكون منطقة العيب الجزئية كبيرة، يجب أولاً إزالة المواد السائبة في منطقة العيب ويعاد

رش الخرسانة النباتية.

10.2 مرحلة النمو

10.2.1 بعد الإنتهاء من مرحلة الشتل، يجب معالجة الشتلات لمدة لا تقل عن 240 يومًا بعد نموّ الشتل، ويمكن تمديد المدة بشكل مناسب عند حدوث ظروف خاصة.

10.2.2 يجب أن تشمل عمليات الإدارة والصيانة خلال مرحلة النمو عمليات الري، مكافحة الآفات والأمراض، إعادة زرع الشتل وإصلاح العيوب الجزئية، إلخ.

10.2.3 يجب فحص المنحدرات التي تم رشها بخرسانة نباتية مرة كل أسبوعين، ويجب أن تتضمن محتويات الفحص رطوبة الغطاء النباتي للمنحدر، نمو النباتات، الآفات والأمراض واستقرار الخرسانة النباتية إلخ.

10.2.4 يجب أن تكون مكافحة الآفات والأمراض طبقا لمتطلبات البند10.1.5 في هذا المعيار التقني.

10.2.5 يجب أن يستوفي إصلاح العيوب الجزئية بمتطلبات البند10.1.7 في هذا المعيار التقني.

11 التفتيش

11.1 المـواد

11.1.1 يتم فحص شهادات المصانع وشهادات جودة المنتجات عند شراء المواد مثل الأسمنت، الإضافات المحسنة للمواد المحلية، الشبكات، الأوتاد، أنابيب الري عند شراء بذور النباتات والشتل و يتم فحص شهادات التفتيش.

11.1.2 قبل إستخدام المواد الموجودة في الموقع، بما في ذلك الأسمنت، الإضافات المحسنة للمواد المحلية وشبكات التسليح، الأوتاد، أنابيب الري، التربة الزراعية، المواد العضوية المحلية، بذور النباتات،الشتل ومياه الري، يجب أخذ عينات عشوائية وفحصها لكل كمية موردة، ويجب إعداد تقارير التفتيش وأن تطابق مواصفاتها إستمارات التسجيل لمحتويات التفتيش بالملحق (C) في هذا المعيار التقني.

11.1.3 يجب أن تكون الحزم اللازمة للتفتيش كما يلي:

1 يجب ان تحتوي كل حزمة تفتيش على 20 طن أسمنت، 10 طن من الإضافات المحسنة للمواد المحلية، 2000 متر مربع من شبكة التسليح، وعدد 2000 قطعة وتد، 200 متر مكعب من التربة الزراعية، 60 متر مكعب من المواد العضوية المحلية، عبوة واحدة من البذور النباتية، و 500 شتلة. كما يجب التفتيش مرة واحدة على الأقل لكل مصدر مياه ري. وكذلك يجب التفتيش مرة واحدة علي الأقل لكل دفعة من المواد الموردة بإنتظام أو بشكل متقطع، حتى اذا كانت أقل من كمية حزمة التفتيش المحدد أعلاه.

2 يمكن أن تضاعف كمية المواد من كل دفعة في إحدى الحالات التالية:

1 إذا تم التصديق على المواد من قبل جهات إعتماد المنتج.

2 إذا كانت هذه المواد من مصادر موثوقة وإجتازت التفتيش لثلاث مرات متتالية.

3 مواد من نفس الدفعة ونفس المصنع، والتي تستخدم في العديد من الأعمال في نفس المشروع

11.1.4 تؤخذ ثلاث عينات للتفتيش من كل دفعة من المواد.

11.1.5 يجب التفتيش على النحو التالي:

1 من بين قيم التفتيش لثلاث عينات، إذا كان الفرق بين القيمة القصوى والقيمة المتوسطة، والفرق بين القيمة المتوسطة والقيمة الدنيا، كلاهما لا يزيد عن 15% من القيمة المتوسطة، يجب أن يؤخذ الوسط الحسابي لقيم التفتيش الثلاثة.

2 من بين قيم التفتيش لثلاث عينات، إذا كان الفرق بين القيمة القصوى والقيمة المتوسطة أو الفرق بين القيمة المتوسطة والقيمة الدنيا أكثر من 15% من القيمة المتوسطة، فيجب أخذ القيمة المتوسطة.

3 من بين قيم التفتيش لثلاث عينات، إذا كانت الفرق بين القيمة القصوى والقيمة المتوسطة، والفرق بين القيمة المتوسطة والقيمة الدنيا تزيد على 15% من القيمة المتوسطة، فلا يجب استخدام المادة.

11.2 الخرسانة النباتية

11.2.1 يتم فحص كل سطح منحدر مساحته 1000 متر مربع تم رشها بالخرسانة النباتية مخلوطة بنفس المواد ونفس نسبة الخلط مرة واحدة على الأقل بثلاث عينات.

11.2.2 يجب أن تستوفي بنود وطرق ومؤشرات تفتيش أداء الخرسانة النباتية بمتطلبات البند 8.3.8 في هذا المعيار التقني.

11.2.3 تتم معالجة بيانات التفتيش على النحو المحدد في البند 11.1.5 في هذا المعيار التقني.

11.2.4 يجب أن تستوفي إستمارات التسجيل لمحتويات التفتيش بمتطلبات الملحق (D) في هذا المعيار التقني.

الملحق (A) إستمارات تسجيل البيانات الأساسية ومحتويات الفحص

A.0.1 يجب أن تتطابق إستمارة تسجيل البيانات الأساسية ومحتويات الفحص للإرصاد الجوي مع النموذج A.0.1

نموذج A.0.1 إستمارة تسجيل البيانات الأساسية ومحتويات الفحص للإرصاد الجوي

اسم المشروع		موقع المشروع		
رقم	البند	الوحدة	النتيجة	الملاحظات
1	النطاق المناخي			
2	نوع المناخ			
3	المتوسطات السنوية لساعات السطوع الشمسي	h		
4	المتوسطات السنوية لدرجات الحرارة	℃		
5	درجة الحرارة القصوى	℃		
6	درجة الحرارة الدنيا	℃		
7	متوسط هطول الأمطار السنوي	mm		
8	متوسط المتوسطات السنوية للتبخر السنوي	mm		
9	الفترة الخالية من الصقيع	d		
10	فترة التجميد	d		
11	درجة الحرارة المؤثرة أعلى من أو تساوي 10 ℃	℃		
12	عدد الأيام وتواريخها خلال السنة التي لا تقل فيها سرعة الرياح عن 10.8 m/s			
المحقق	التاريخ:		التوقيع:	

ملاحظات:

(1) يجب أن تشمل المناطق المناخية الآتي: منطقة المناخ المعتدل، منطقة المناخ الدافئ، منطقة المناخ الشمالي شبه الإستوائي، منطقة المناخ شبه الإستوائي، منطقة المناخ الجنوبي شبه الإستوائي المعتدل، منطقة المناخ شبه الاستوائية، منطقة المناخ الإستوائي المعتدل، منطقة المناخ الهضبئ الجبلي شبه الإستوائية و منطقة المناخ الهضبي ....إلخ.

(2) أنواع المناخ تشمل المناخ القطبي، المناخ القاري المعتدل، المناخ البحري المعتدل، مناخ الرياح الموسمية ذات خطوط العرض المتوسطة، مناخ الرياح الموسمية شبه الاستوائية، مناخ الصحراء الإستوائية، مناخ السافانا الإستوائي، مناخ الغابات الإستوائية المطيرة، مناخ الرياح الموسمية الإستوائي، مناخ البحر الأبيض المتوسط وهضبة جبال الألب.

A.0.2 يجب أن تكون إستمارة تسجيل البيانات الأساسية ومحتويات الفحص للبيانات الجيولوجية مطابقة مع النموذج A.0.2

نموذج A.0.2 إستمارة تسجيل البيانات الأساسية ومحتويات الفحص للبيانات الجيولوجية

اسم المشروع		موقع المشروع		
الرقم	**البند**	**الوحدة**	**النتيجة**	**الملاحظات**
1	منحدر التربة الصخرية			
2	مساحة المنحدر	m^2		
3	جوانب المنحدر			
4	زاوية ميل المنحدر القصوى	°		
5	إرتفاع المنحدر الأقصى	m		
6	حالة المياه الجوفية			
7	حالة تسرب المنحدر			
8	إستقرار المنحدر			
9	وصف شكل المنحدر بما في ذلك الميل العكسي والتوازن السطحي ودرجة الانحدار إلخ			
المحقق	التاريخ:			التوقيع:

ملاحظات:

1 يشير حالة منحدر التربة الصخرية إلى منحدر الصخور الصلبة أو منحدر الصخور الناعمة أو منحدر الصخور الترابية أو منحدر التربة الطفلية.

2 جوانب المنحدر تشمل منحدر مشمس ومنحدر مظلل.

3 يشير استقرار المنحدر إلى كونه مستقرًا أو غير مستقر.

A.0.3 يجب أن تكون إستمارة تسجيل البيانات الأساسية ومحتويات الفحص لبيانات مصادر مياه الري مطابقة للنموذج A.0.3

نموذج A.0.3 إستمارة تسجيل البيانات الأساسية ومحتويات الفحص لبيانات مصادر مياه الري

<table dir="rtl">
<tr><td>اسم المشروع</td><td colspan="2"></td><td>موقع المشروع</td><td></td></tr>
<tr><td colspan="2">البند</td><td>الوحدة</td><td>النتيجة</td><td>الملاحظات</td></tr>
<tr><td rowspan="4">ماء الصنبور</td><td>سعة الإمداد</td><td>m^3/d</td><td></td><td></td></tr>
<tr><td>المسافة</td><td>m</td><td></td><td></td></tr>
<tr><td>الإرتفاع</td><td>m</td><td></td><td></td></tr>
<tr><td>التكلفة</td><td>CNY/m^3</td><td></td><td></td></tr>
<tr><td rowspan="4">ماء البئر</td><td>سعة الإمداد</td><td>m^3/d</td><td></td><td></td></tr>
<tr><td>المسافة</td><td>m</td><td></td><td></td></tr>
<tr><td>الإرتفاع</td><td>m</td><td></td><td></td></tr>
<tr><td>التكلفة</td><td>CNY/m^3</td><td></td><td></td></tr>
<tr><td rowspan="4">مياه النهر / البحيرة</td><td>سعة الإمداد</td><td>m^3/d</td><td></td><td></td></tr>
<tr><td>مسافة</td><td>m</td><td></td><td></td></tr>
<tr><td>الإرتفاع</td><td>m</td><td></td><td></td></tr>
<tr><td>التكلفة</td><td>CNY/m^3</td><td></td><td></td></tr>
<tr><td>المحقق</td><td colspan="4">التوقيع: التاريخ:</td></tr>
<tr><td colspan="5">ملاحظات:
1 يركز الفحص على مياه الصنبور، مياه الآبار و مياه النهر أو البحيرة.
2 تشير المسافة إلى طول المسار من مصدر المياه إلى موقع المنحدر.
3 يشير الإرتفاع إلى الفرق في الارتفاع بين مأخذ المياه وقمة المنحدر.
4 تقاس التكلفة بتكلفة رفع المياه حتى موقع المشروع.</td></tr>
</table>

A.0.4 يجب أن تكون إستمارة تسجيل البيانات الأساسية ومحتويات الفحص لبيانات مصادر التربة السطحية المطابقة للنموذج.A.0.4

نموذج A.0.4 نم إستمارة تسجيل البيانات الأساسية ومحتويات الفحص لبيانات مصادر التربة السطحية

	موقع المشروع		**اسم المشروع**
النتيجة		**البند**	**الرقم**
		نوع التربة	1
		قوام التربة	2
		تركيبة التربة	3
		التكلفة	4
		الكمية المتاحة من التربة السطحية	5
التوقيع:	التاريخ:		المحقق

ملاحظات:

1 تشمل أنواع الترب الآتية: التربة الحمراء، التربة الصفراء، التربة البنية، التربة السمراء، التربة الكالسيوم، التربة الطمية، التربة الصحراوية، تربة مرج الألب وتربة الصحراء الألبية وإلخ.

2 يشير قوام التربة إلى التربة الرملية أو الطمية أو الطينية.

3 تركيبة التربة تشير إلى أنها حبيبية أو كتلية أو عمودية أو متبلورة وإلخ.

4 تقدر التكلفة بتكلفة ترحيل التربة حتى موقع المشروع.

A.0.5 يجب أن تكون إستمارة تسجيل البيانات الأساسية ومحتويات الفحص للمواد العضوية الطبيعية مطابقة

للنموذج A.0.5.

نموذج A.0.5 إستمارة تسجيل البيانات الأساسية ومحتويات الفحص للمواد العضوية الطبيعية

	موقع المشروع			**اسم المشروع**
الملاحظات	**النتيجة**	**الوحدة**	**البند**	
		m^3	الكمية المتاحة	سماد الأراضي الزراعية
		CNY/ m^3	التكلفة	
		m^3	الكمية المتاحة	قش
		CNY/ m^3	التكلفة	
		m^3	الكمية المتاحة	نخالة
		CNY/ m^3	التكلفة	
		m^3	الكمية المتاحة	نشارة الخشب
		CNY/ m^3	التكلفة	
		m^3	الكمية المتاحة	مخلفات التخمير
		CNY/ m^3	التكلفة	
التوقيع:		التاريخ:		المحقق

ملاحظات:

1 يرتكز الفحص على خمسة أنواع من المواد العضوية الطبيعية وهي: سماد الأراضي الزراعية، القش، النخالة، نشارة الخشب ومخلفات التخمير.

2 تشير الكمية المتاحة إلى الكمية التي يمكن الحصول عليها في مسافة لا تتجاوز 30 كيلومتر من موقع المشروع.

3 تقدر التكلفة بتكلفة نقل المواد العضوية الطبيعية حتى موقع المشروع.

A.0.6 يجب أن تكون إستمارة إستلام تسجيل البيانات الأساسية ومحتويات الفحص للنباتات في النموذج A.0.6 .

نموذج A.0.6 إستمارة إستلام تسجيل البيانات الأساسية ومحتويات الفحص للنباتات

<table dir="rtl">
<tr><td>اسم المشروع</td><td colspan="3"></td><td>موقع المشروع</td><td></td></tr>
<tr><td>الرقم</td><td colspan="3">البند</td><td colspan="2">النتيجة</td></tr>
<tr><td>1</td><td colspan="3">نوع الغطاء النباتي الإقليمي</td><td colspan="2"></td></tr>
<tr><td rowspan="10">2</td><td rowspan="10">النباتات المحلية</td><td rowspan="5">منحدر مشمس</td><td>حشائش</td><td colspan="2"></td></tr>
<tr><td>شجيرة</td><td colspan="2"></td></tr>
<tr><td>شجرة</td><td colspan="2"></td></tr>
<tr><td>زهرة</td><td colspan="2"></td></tr>
<tr><td>نبات متسلق</td><td colspan="2"></td></tr>
<tr><td rowspan="5">منحدر مظلل</td><td>حشائش</td><td colspan="2"></td></tr>
<tr><td>شجيرة</td><td colspan="2"></td></tr>
<tr><td>شجرة</td><td colspan="2"></td></tr>
<tr><td>زهرة</td><td colspan="2"></td></tr>
<tr><td>نبات متسلق</td><td colspan="2"></td></tr>
<tr><td>المحقق</td><td colspan="5">التوقيع: التاريخ:</td></tr>
<tr><td colspan="6">ملاحظات:
1 تشير أنواع النباتات الإقليمية إلى الغطاء النباتي الذي تسيطر عليه الحشائش، الشجيرات، النباتات العشبية الشجرية والنباتات المتسلقة، مع وصف المطابقة الطبيعية وظروف نمو الشجرة، والشجيرة، و الحشائش بالقرب من المنحدر.
2 الأنواع النباتية المحلية تشمل الأنواع الرئيسية من الحشائش، الشجيرات، الأشجار، الزهور والمتسلقة.</td></tr>
</table>

الملحق (B) إستمارة إستلام أعمال التشييد

B.0.1 يجب أن تكون إستمارة إستلام أعمال المعالجة التمهيدية للمنحدر طبقا للنموذج B.0.1.

نموذج B.0.1 إستمارة إستلام أعمال المعالجة التمهيدية للمنحدر

	موقع المشروع		اسم المشروع
النتيجة		البند	
		استقرار الطبقة الأساسية للمنحدر	
		معالجة المواد السائبة على المنحدر	
		كشط المنحدر العكسي	
		علاج التقعر بالمنحدر	
		إزالة التلف في أسفل المنحدر	
		التصريف بالمنحدر	
		تسرب المنحدر	
		علاج تسرب المنحدر	
		أخرى	
التوقيع:	التاريخ:	المقاول	توصيات الإستلام
التوقيع:	التاريخ:	المشرف	
التوقيع:	التاريخ:	المالك	

B.0.2 يجب أن تكون إستمارة إستلام أعمال التسليح مطابقة للنموذج B.0.2

نموذج B.0.2 إستمارة إستلام أعمال التسليح

	موقع المشروع		**اسم المشروع**
النتيجة		**البند**	
		مادة الوتد (أملس أومشرشر)	
		المسافة بين الأوتاد (سطح المنحدر ومحيط المنحدر)	
		القطر الإسمي للوتد	
		طول الوتد	
		حالة مادة تثبيت الأوتاد	
		طول البروز للوتد	
		حماية الوتد من الصدأ	
		زاوية الربط	
		نوع شبكة التسليح	
		قطر السلك في شبكة التسليح	
		قطر شبكة التسليح	
		قوة التمدد القصوى للشبكة البلاستيكية المرنة	
		مقاومة الشيخوخة للشبكة البلاستيكية المرنة	
		حالة تداخل الشبكة	
		طريقة ربط الشبكات (شبكة - شبكة، شبكة - وتد)	
التوقيع:	التاريخ:	المقاول	توصيات الإستلام
التوقيع:	التاريخ:	المشرف	
التوقيع:	التاريخ:	المالك	

B.0.3 يجب أن تكون إستمارة إستلام أعمال رش الخرسانة النباتية مطابقة للنموذج B.0.3.

نموذج B.0.3 إستمارة إستلام أعمال رش الخرسانة النباتية

	موقع المشروع		اسم المشروع
النتيجة		البند	
		نسبة الخلط	
		تسلسل التغذية	
		طريقة الخلط	
		مدة الخلط	
		مدة تخزين الخليط	
		سمك الطبقة الأساسية	
		سمك الطبقة السطحية	
		إنتظام الرش	
		المياه المستهلكة للرش	
		الفاصل الزمني بين رش الطبقة الأساسية ورش الطبقة السطحية	
التوقيع: التاريخ:		المقاول	توصيات الإستلام
التوقيع: التاريخ:		المشرف	
التوقيع: التاريخ:		المالك	

الملحق (C) إستمارات التسجيل لمحتويات التفتيش للمواد الرئيسية

C.0.1 يجب أن تكون إستمارة التسجيل لمحتويات التفتيش للتربة الزراعية مطابقة للنموذج C.0.1

نموذج C.0.1 إستمارة التسجيل لمحتويات التفتيش للتربة الزراعية

اسم المشروع				موقع المشروع	
الرقم	**البند**	**الطريقة**	**النتيجة**	**حدود المؤشر**	**الملاحظات**
1	الحجم الاقصى للجزئيات			$\le$8.0 mm	
2	محتوى الرطوبة			$\le$ 20%	
3	محتوى الملح			$\le$ 1.5 g / kg	
4	درجة الحموضة			8.5 - 5.5	
5	الكادميوم الكلي			$\le$ 1.5 mg/kg	
6	الزئبق الكلي			$\le$ 1.0 mg/kg	
7	الرصاص الكلي			$\le 1.2\times10^2$ mg/kg	
8	الكروم الكلي			$\le$ 70 mg/kg	
9	الزرنيخ الكلي			$\le$ 10 mg/kg	
10	النيكل الكلي			$\le$ 60 mg/kg	
11	الزنك الكلي			$\le 3.0\times10^2$ mg/kg	
12	النحاس الكلي			$\le 1.5\times10^2$ mg/kg	
13	مجموع المغذيات			$\ge$ 0.20%	
المفتش				التاريخ:	التوقيع:

C.0.2 يجب أن تكون إستمارة التسجيل لمحتويات التفتيش للمواد العضوية المحلية مطابقة للنموذج C.0.2.

نموذج C.0.2 إستمارة التسجيل لمحتويات التفتيش للمواد العضوية المحلية

اسم المشروع				موقع المشروع	
الرقم	البند	الطريقة	النتيجة	حدود المؤشر	الملاحظات
1	حجم الجزيئات			≤ 8.0 mm	
2	محتوى الشوائب			≤ 5.0%	
3	درجة الحموضة			8.5 - 5.5	
4	التوصيلية الكهربائية			3.0 mS/cm- 0.5 mS/cm	
5	مجموع المغذيات			≥ 1.5%	
6	محتوى الرطوبة			≤ 20%	
7	مسامية التهوية			≥ 15%	
المفتش				التاريخ:	التوقيع:

C.0.3 يجب أن تكون إستمارة التسجيل لمحتويات التفتيش للأسمنت مطابقة للنموذج C.0.3.

نموذج C.0.3 إستمارة التسجيل لمحتويات التفتيش للأسمنت

اسم المشروع			موقع المشروع	
الرقم	**البند**	**النتيجة**	**حدود المؤشر**	**الملاحظات**
1	النوع		الأسمنت البورتلاندي العادي	
2	درجة المقاومة		P.O 42.5	
3	تاريخ الإنتاج			
4	فترة الصلاحية			
5	شهادة الجودة			
المفتش			التاريخ:	التوقيع:

C.0.4 يجب أن تكون إستمارة التسجيل لمحتويات التفتيش للإضافات المحسنة للمواد المحلية مطابقة للنموذج C.0.4

نموذج C.0.4 إستمارة التسجيل لمحتويات التفتيش للإضافات المحسنة للمواد المحلية

اسم المشروع				موقع المشروع	
الرقم	البند	الطريقة	النتيجة	حدود المؤشر	الملاحظات
1	مساحة السطح النوعي			$\geq 1.5\times10^{2}$ m²/kg	
2	سعة حمل الرطوبة			15 kg/cm² - 13 kg/cm²	
3	كمية الأحياء الدقيقة			1.0×10^{9} CFU/g - 1.0×10^{8} CFU/g	
4	مجموع المغذيات			$\geq 8.5\%$	
5	درجة الحموضة			≤ 4.5	
6	تاريخ الإنتاج				
7	فترة الصلاحية				
8	شهادة الجودة				
المفتش		التاريخ:			التوقيع:

C.0.5 يجب أن تكون إستمارة التسجيل لمحتويات التفتيش للغطاء النباتي مطابقة للنموذج C.0.5

نموذج C.0.5 إستمارة التسجيل لمحتويات التفتيش للغطاء النباتي

اسم المشروع			موقع المشروع			
البند	بذور النبات					
سنة الحصاد						
النقاوة (%)						
نسبة الإنبات (%)						
وزن الألف حبة (g)						
الأصل						
المنتج						
وصف الشتلات						
المفتش	التاريخ:				التوقيع:	

ملاحظات:

1 يشمل فحص الغطاء النباتي فحص البذور والشتلات.

2 يشمل فحص الشتلات نظام الجذرو،نوع النبات، الآفات والأمراض إلخ.

C.0.6 يجب أن تكون إستمارات التسجيل لمحتويات التفتيش لجودة مياه الري مطابقة للنموذج C.0.6

نموذج C.0.6 إستمارة التسجيل لمحتويات التفتيش لجودة مياه الري

اسم المشروع				موقع ا لمشروع	
الرقم	البند	الطريقة	النتيجة	حدود المؤشر	الملاحظات
1	BOD5			$\leq 1.0\times10^{2}$ mg/L	
2	COD			$\leq 2.0\times10^{2}$ mg/L	
3	العوالق			$\leq 1.0\times10^{2}$ mg/L	
4	الأنيوني الفعال في السطح			≤ 8.0 mg/L	
5	درجة حرارة الماء			≤ 25 °C	
6	محتوى الملح الكلي			$\leq 1.0\times10^{3}$ mg/L	
7	كلوريد			$\leq 3.5\times10^{2}$ mg/L	
8	كبريتيد			≤ 1.0 mg/L	
9	الزئبق الكلي			$\leq 1.0\times10^{-2}$ mg/L	
10	الكادميوم			≤ 0.10 mg/L	
11	الزرنيخ الكلي			≤ 0.10 mg/L	
12	الكروم (سداسي)			≤ 0.10 mg/L	
13	الرصاص			≤ 0.20 mg/L	
14	البكتيريا القولونية البرازية			$\leq 4.0\times10^{3}$ /100mL	
15	بيض أسكاريس			≤ 2.0 /L	
16	درجة الحموضة			8.5 - 5.5	
	المفتش			التاريخ:	التوقيع:

C.0.7 يجب أن تكون إستمارة التسجيل لمحتويات التفتيش لمواد التسليح مطابقة للنموذج C.0.7.

نموذج C.0.7 إستمارة التسجيل لمحتويات التفتيش لمواد التسليح

إسم المشروع		موقع المشروع		
البند		النتيجة	حدود المؤشر	الملاحظات
وتد	شكل السطح		المشرشر	
	عملية الإنتاج		الدرفلة على الساخن	
	القطر			
	الطول			
	الحماية من الصدأ			
	مقاومة الخضوع			
شبكة	نوع		شبكة مترابطة من الأسلاك المرنة المصنوعة آليًا أو شبكة بلاستيكية مرنة	
	قطر شبكة الأسلاك المصنوعة أليا		≥ 2.0 mm	
	قطر أسلاك الشبكة		75 mm - 50 mm	
	الشبكة البلاستيكية المرنة		≥ 6.0 kN/m	
	مقاومة الشيخوخة للشبكة البلاستيكية المرنة		≥ 15 a	
	الحماية من الصدأ			
المفتش			التاريخ:	التوقيع:

الملحق (D) إستمارة تسجيل محتويات التفتيش لأشكال الخرسانة النباتية

إستمارة (D) تسجيل محتويات التفتيش لأشكال الخرسانة النباتية

اسم المشروع				موقع ا لمشروع		
البند	النتيجة			حدود المؤشر		
	1 d	**3 d**	**≥ 28 d**	**1 d**	**3 d**	**≥ 28 d**
الكثافة الظاهرية				$1.7\ g/cm^3 - 1.3\ g/cm^3$		
مسامية التهوية				≥ 25 %		
درجة الحموضة				8.5 - 6.0		
محتوى الرطوبة المتوفرة				≥ 15 %		
النيتروجين القابل للتحلل				≥ 60 mg/kg		
الفسفور المتاح				≥ 20 mg/kg		
البوتاسيوم سريع التوفر				$\geq 1.0\times10^2$ mg/kg		
درجة إستعادة الإنكماش				≥ 90 %		
مقاومة الضغط الغير المنتظم(MPa)				0.45 - 0.25	0.55 - 0.40	≥ 0.38
معامل التآكل عند شدة هطول الأمطار تبلغ 80 ميليمتر/ ساعة				$\leq 3.0\times10^2\ g/m^2\cdot h$	$\leq 1.0\times10^2\ g/m^2\cdot h$	
المفتش			التاريخ:			التوقيع:

شرح الصياغة في هذا المعيار التقني

1 عند الإختلاف في تنفيذ المتطلبات المذكورة في هذا المعيار التقني تدل الكلمات أدناه علي الآتي

1) الكلمات التي تدل على شرط إلزامي للغاية: «ضروري" تستخدم للتأكيد، "ممنوع" من أجل النفي.

2) الكلمات التي تدل على شرط إلزامي في ظل الظروف العادية: يستخدم «يجب» للتأكيد، "يجب ألا" أو "لا يجوز" للنفي.

3) الكلمات التي تدل على وجود خيار طفيف أو إشارة إلى الخيار الأنسب «من الأفضل" للتأكيد، "من الأفضل ألا" للنفي.

4) "ممكن" يستخدمه للتعبير عن خيار متاح، وأحيانا مع تصريح مشروط.

2 يستخدم «يجب أن تلبي متطلبات ..." أو «يجب أن تمتثل ..." في هذا المعيار للإشارة إلى أنه من الضروري الامتثال للمتطلبات المنصوص عليها في المعايير والرموز النسبية الأخرى.

قائمة المعايير الصينية المقتبسة

GB/T 50123, 《土工试验方法标准》

Standard for Soil Test Method

GB / T 50123، معيار طريقة إختبار التربة

GB 50218, 《工程岩体分级标准》

Standard for Engineering Classification of Rock Mass

GB 50218، معيار التصنيف الهندسي للكتلة الصخرية

GB 51018, 《水土保持工程设计规范》

Code for Design of Soil and Water Conservation Engineering

GB 51018، معيار تصميم هندسة الحفاظ على التربة والمياه

GB 175, 《通用硅酸盐水泥》

Common Portland Cement

GB 175، إسمنت بورتلاندي العادي

GB 2772, 《林木种子检验规程》

Rules for Forest Tree Seed Testing

GB 2772، قواعد إختبار بذور الأشجار الغابية

GB 5084, 《农田灌溉水质标准》

Standards for Irrigation Water Quality

GB 5084، معايير جودة مياه الري

GB/T 16453.4, 《水土保持综合治理技术规范　小型蓄排引水工程》

Comprehensive Control of Soil and Water Conservation—Technical Specification—Small Engineering of Store, Drainage and Draw Water

GB / T 16453.4، التحكم الشامل في الحفاظ على التربة والمياه - المواصفات التقنية - هندسة المخازن والصرف وسحب المياه

GB/T 20203, 《农田低压管道输水灌溉工程技术规范》

Technical Specification for Irrigation Projects with Low Pressure Pipe Conveyance

GB / T 20203، المعيار التقني لمشاريع الري مع نقل أنابيب الضغط المنخفض

CJJ 82, 《园林绿化工程施工及验收规范》

Code for Construction and Acceptance of Landscaping Engineering

CJJ 82، معيار البناء وقبول هندسة المناظر الطبيعية

DL/T 5353, 《水电水利工程边坡设计规范》

Design Specification for Slope of Hydropower and Water Conservancy Project

DL / T 5353، معيار التصميم لمشروع انحدار الطاقة الكهرومائية والحفاظ على المياه

HJ/T 166, 《土壤环境监测技术规范》

The Technical Specification for Soil Environmental Monitoring

HJ / T 166، المعيار التقني لمراقبة بيئة التربة

LY/T 1970, 《绿化用有机基质》

Organic Media for Greening Use

LY / T 1970، الوسط العضوي للإستخدام الأخضر

SL 419, 《水土保持试验规程》

Test Specification of Soil and Water Conservation

SL 419، إختبار مواصفات الحفاظ على التربة والمياه.